AF614573

ISBN 978-3-662-23872-1 ISBN 978-3-662-25975-7 (eBook)
DOI 10.1007/978-3-662-25975-7

Die in den Sitzungsberichten Abtlg. I und Abtlg. II der math.-nat. Klasse der Österr. Ak. d. Wiss. erscheinenden Abhandlungen werden auch einzeln abgegeben. Sie können durch jede Buchhandlung oder direkt durch die Auslieferungsstelle der Österreichischen Akademie der Wissenschaften (Wien I, Singerstraße 12) bezogen werden.

Nachfolgende Abhandlungen aus dem Fach der **Zoologie** sind erschienen:

1959 (S I Bd. 168):

Baumgartner-Gamauf Margaretha: Einige ufer- und wasserbewohnende Collembolen des Seewinkels. S 5.80

Beier Max und Wagner W.: Zoologische Studien in Westgriechenland. IX. Teil. Homoptera (mit 63 Textabbildungen). S 22.60

Brehm V.: Bemerkungen zu einigen Kopepoden Südamerikas (mit 25 Textabbildungen). S 25.90

Brehm V.: Contribution à l'étude de faune d'Afghanistan Nr. 17 (mit 12 Textabbildungen). S 18.90

Eiselt Josef: Entomolepis adriae n. sp., ein Beitrag zur Kenntnis der kaum bekannten Gattungen siphonostomer Cyclopoiden: Entomolepis, Lepeopsyllus und Parmulodes (Copepoda, Crust.) (mit 4 Textabbildungen). S 19.10

Löffler Heinz: Zur Limnologie. Entomostraken- und Rotatorienfauna des Seewinkelgebietes (Burgenland, Österreich) (mit 5 Textabbildungen und 4 Tafeln). S 60.20

Remaudière Georges: Zoologisch-systematische Ergebnisse der Studienreise von H. Janetschek und W. Steiner in die spanische Sierra Nevada 1954. XI. Homoptera, Aphidoidea (mit 12 Textabbildungen). S 9.70

Schubart Otto: Zoologisch-systematische Ergebnisse der Studienreise von H. Janetschek und W. Steiner in die spanische Sierra Nevada 1954. XII. Diplopoda (mit 9 Textabbildungen). S 16.50

Schuster Reinhart: Ökologisch-faunistische Untersuchungen an den bodenbewohnenden Kleinarthropoden (speziell Oribatiden) des Salzlachengebietes im Seewinkel (mit 6 Textabbildungen). S 45.40

Steiner Walter: Zoologisch-systematische Ergebnisse der Studienreise von H. Janetschek und W. Steiner in die spanische Sierra Nevada 1954. X. Springschwänze (Collembola) (mit 5 Textabbildungen). S 12.90

Wettstein-Westersheimb Otto: Die alpinen Erdmäuse. S 10.—

1960 (S I Bd. 169):

Abel W.: Biophysikalische Gesetzmäßigkeiten am Vogelei (Das Aktivstufengesetz und Energiegesetz) (mit 20 Abbildungen, davon 2 Abbildungen auf 1 Tafel). S 60.—

Nemenz H.: Experimente zur Ionenregulation der Larve von Ephydra cinerea Jones (Dipt.) (mit 7 Textabbildungen). S 20.30

Viets O. Kurt: Kleine Sammlungen von Wassermilben (Hydrachnellae und Porohalacaridae aus Österreich (mit 9 Textabbildungen). S 17.—

1961 (S I Bd. 170):

Abel E. F., Über die Beziehungen mariner Fische zu Hartbodenstrukturen (mit 5 Textabbildungen). S 170–24, S 47.–

Eiselt Josef, Neubeschreibungen und Revision siphonostomer Cyclopoiden (Copepoda, Crust.) von der südlichen Hemisphäre nebst Bemerkungen über die Familie Artotrogidae Brady 1880 (mit 18 Textabbildungen). S 170–29, S 82.–

Gozmány L., Zoologische Ergebnisse der Mazedonienreisen Friedrich Kasys. III. Teil: Lepidoptera: Gelechiidae. Eine neue Art der Gattung Eremica (mit 1 Textabbildung). S 170–28, S 5.–

Hannemann H. J., Zoologische Ergebnisse der Mazedonienreisen Friedrich Kasys. II. Teil: Lepidoptera: Scythridae (mit 4 Textabbildungen). S 170–27, S 8.–

Petrovitz Rudolf, Zoologische Ergebnisse der Österreichischen Karakorum-Expedition 1958. II. Teil: Coleoptera: Scarabaeidae (mit 12 Textabbildungen). S 170–5, S 17,90

Starmühlner Ferdinand, Eine kleine Molluskenausbeute aus Nord- und Ostiran (mit 1 Textabbildung und 2 Tafeln). S 170–4, S 14,70

Toll Sergiusz, Zoologische Ergebnisse der Mazedonienreisen Friedrich Kasys. I. Teil: Lepidoptera: Choleophoridae (mit 54 Textabbildungen und 1 Tafel) S 170–26, S 33.–

Aus dem II. Zoologischen Institut der Universität Wien

Ein Beitrag zur Kenntnis der Pilzübertragungsweise bei xylomycetophagen Scolytiden (Coleoptera)

Von Wolfgang Schedl

Mit 16 Abbildungen

(Vorgelegt in der Sitzung am 9. 11. 1962)

Inhalt

Einleitung

Eine einfache Form des Zusammenlebens zwischen Insekten und Pilzen findet sich bei einigen Ambrosiapilze züchtenden und holzbrütenden Scolytidenarten. Eine interessante Frage innerhalb dieser Symbiose zwischen Ambrosiakäfern, im speziellen Fall von xylomycetophagen Scolytiden, und Ambrosiapilzen scheint die zu sein, wie der Ambrosiapilz einer Käferart durch die ausfliegenden Jungkäfer zu den neu angelegten Brutröhrensystemen gelangt.

Die Vermutung einer Übertragung des Ambrosiapilzes von *Anisandrus dispar* F. durch die Weibchen wurde bereits 1844 von HARTIG ausgesprochen. Weitere Studien über die Pilzübertragung erfolgten erst 70 Jahre später durch SCHNEIDER-ORELLI (1911 bis 1913), der beim Durchschneiden des hinteren Teiles des Pronotums das Austreten von Ambrosiazellen beobachtete, deren Kultivierung echte Ambrosiapilzrasen ergaben und er vermutete daher, daß der Pilz im Proventriculus des überwinternden Weibchens übertragen wird. Die Ambrosiazellen, so meint derselbe Autor, werden dann im Frühjahr von den ausfliegenden Weibchen an die neuen Brutstätten mitgenommen, wo sie entweder nach Passieren des Darmkanales oder durch Erbrechen auf die frische Brutröhrenwand ausgesät werden sollen. NEGER (1911) ist der Auffassung, daß zum Gedeihen des Pilzes die Passage der Sporen durch den Darmkanal notwendig sei. DOANE und GILLIAND (1929) vertreten einen ähnlichen Standpunkt für das nordamerikanische *Monarthrum scutellare* Leg., wo sich die Jungkäfer vor dem Verlassen der Puppenwiegen mit reifen Konidien anfüllen und sie später mit den Exkrementen wieder ausscheiden sollen. 1956 klärte FRANCKE-GROSMANN an Hand von Mikrotomschnitten die Ambrosiapilzübertragung bei unseren einheimischen *Anisandrus dispar* F. auf. Zwischen Pro- und Mesonotum fand sie eine bisher unbekannte Einstülpung der Intersegmentalhaut mit paarig nach vorne reichenden Erweiterungen, in denen sich je ein Depot von Konodiosporen des arteigenen Ambrosiapilzes nachweisen ließen. In einer Reihe von Arbeiten wurden von FRANCKE-GROSMANN die Pilzübertragungseinrichtungen von *Xylosandrus germanus* Blandf., *Eccoptopterus sexspinosus* Motsch, *Xyleborinus saxeseni* Ratz. und bei den einheimischen *Trypodendron*-Arten *lineatum* Oliv., *domesticum* L. und *signatum* Fab. bekannt gemacht. Dabei stellte sich heraus, daß Drüsensekret und Pilzübertragungsorgane in engem Zusammenhange stehen. In einer anatomischen Arbeit von LHOSTE und ROCHE (1959) an dem tropischen Kaffeeschädling *Xyleborus morstatti* Haged. wird eine ähnliche intersegmentale Pilzübertragungstasche beschrieben, wie sie FRANCKE-GROSMANN bei *Anisandrus dispar* gefunden hat. Ein neuer Typus der Pilzübertragung wurde 1960 von FRANCKE-GROSMANN und SCHEDL an dem im tropischen Afrika vorkommenden *Xyleborus mascarensis* Eichh. aufgedeckt. Es handelt sich um paarige Ausbuchtungen der Mandibelgelenkhaut, die mit einem gemeinsamen Ausgang in die Präoralhöhle münden. In ähnlicher Lage fand FERNANDO (1960) an dem Teeschädling *Xyleborus fornicatus* Eichh. aus Ceylon ein paariges Übertragungsorgan im Vorderkopf mit getrennten Ausfuhrgängen in die Präoralhöhle hinter der Einlenkungsstelle der Mandibeln.

Von den etwa 1500 pilzzüchtenden Scolytidenarten sind zusammenfassend nicht einmal ein Dutzend Arten in bezug auf die Pilzübertragungsweise untersucht. Die Aufgabe dieser Veröffentlichung soll es sein, durch die Untersuchung einer Auswahl von Arten aus verschiedenen systematischen Gruppen einen Beitrag zur Kenntnis der Pilzübertragungsweisen der Ambrosiakäfer zu leisten.

Das japanische Material erhielt ich von Herrn Akira Nobuchi, Laboratory of Forest Entomology, Gov. Forest Exp. Station, Meguro, Tokio, das indomalaiische und afrikanische von Mr. F. G. Browne, Officer in Charge der West-African Timber Borer Research Unit, Kumasi, Ghana, weiteres afrikanisches Material bekam ich von Mr. T. Jones, Research Officer der East-African Agriculture and Forestry Organisation, Kikuyu, Kenia, und südamerikanisches Material schließlich von Herrn F. Plaumann aus Nova Teutonia, Santa Catarina, Brasilien. Allen Herren spreche ich für die Sendung des Alkoholmaterials meinen besten Dank aus. Für die Determinierung der ausländischen Scolytidenarten bin ich meinem Vater, Herrn Prof. Dr. Karl E. Schedl, Lienz (Osttirol), zu besonderem Dank verpflichtet.

Methode

Die Objekte wurden in Carnoy oder Bouin fixiert und zur besseren Schneidbarkeit etwa 10 Tage in Chloralhydrat-Phenol (1:1) aufgeweicht. Die Mikrotomschnitte erreichten eine Dicke zwischen 8 und 12 Mikron. Die Schnitte wurden mit Azur-Eosin nach Romanovsky-Giemsa gefärbt und in Aceton-Xylol-Mischungen differenziert. Die Einbettung erfolgte in Zedernöl.

I. Pilzübertragungseinrichtungen im Kopf

a) Mandibulartaschen

An den Anfang meiner Untersuchungen stelle ich den einheimischen *Xyleborus monographus* Fab., der in Europa und im Kaukasus vorkommt. Das Material stammt z. T. von den Eichenbeständen der Umgebung von Lorsch im Rheintal, zum größeren Teil aber vom östlichen Wienerwald.

Da die Männchen von *Xyleborus monographus* das Muttergangsystem zufolge ihrer stark reduzierten Flügel im Fluge nicht verlassen können und überhaupt meist im alten Gangsystem nach der Kopula absterben, kann die Übertragung des für die Brut lebensnotwendigen Ambrosiapilzes nur durch die flugtüchtigen Weibchen erfolgen. Ein äußerliches Anhaften von Pilzzellen an der Behaarung der Weibchen ist für die Übertragung der zart kuticularisierten Pilzzellen (stark kuticularisierte Sporen konnte ich bisher in keinem Typus von Pilzübertragungsmöglichkeiten finden) auf weitere Strecken wegen der bald erfolgenden Austrocknung nicht zu erwarten. Die histologischen Schnitte ließen eine ähnliche Übertragungseinrichtung erkennen, wie sie FRANCKE-GROSMANN und SCHEDL (1960) an dem afrikanischen *Xyleborus mascarensis* Eichh. gefunden haben. Es handelt sich um paarige, sackartige Taschen in der Mandibelregion (Abb. 1 und 2). Die innere Gelenkhaut der Mandibeln ist wesentlich erweitert und bildet je eine sackartige Ausbuchtung, die median in einem trichterförmigen Gangteil zwischen den Mandibeln in die Präoralhöhle führt. Der von der erweiterten Gelenkhaut gebildete Hohlraum mißt 80 bis 100 Mikron im Durchmesser, nach hinten zu verengt sich der Hohlraum im Längsschnitt, so daß er nicht ganz kugelförmig ist. Die kuticulare Außenwand dieser Mandibulartasche weist seitlich

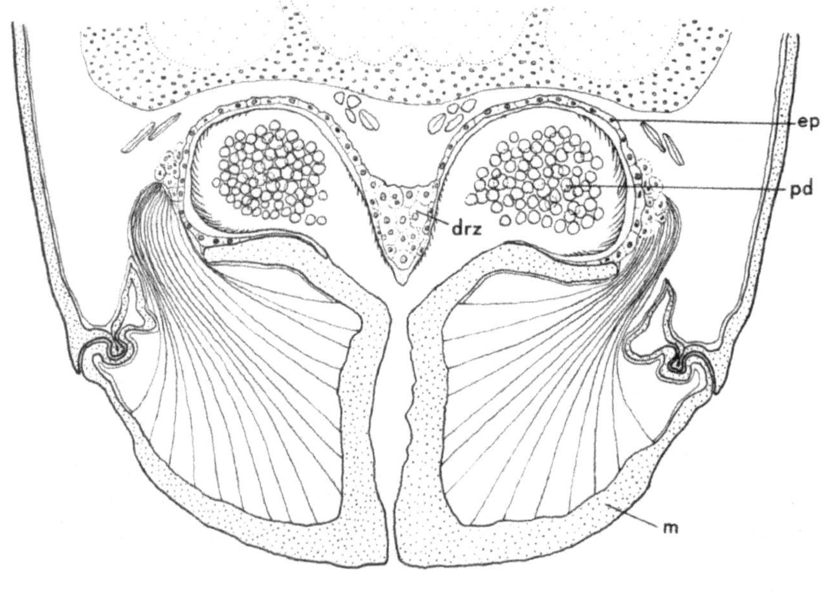

Abb. 1. *Xyleborus monographus* ♀, Querschnitt des Kopfes in der Mandibelregion, Mandibulartaschen. drz — Drüsenzellen, ep — Epidermis, m — Mandibel, pd — Pilzdepot.

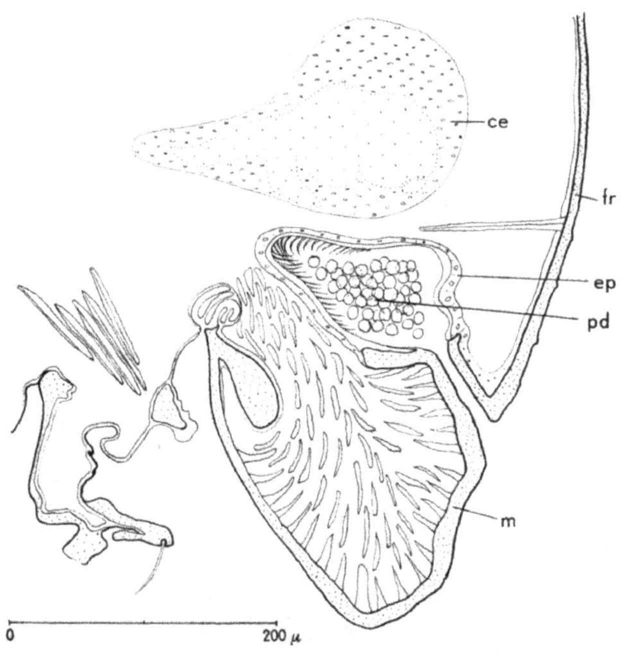

Abb. 2. *Xyleborus monographus* ♀, paramedianer Längsschnitt des Kopfes in der Mandibelregion, Mandibulartasche. ce — Cerebrum, ep — Epidermis, fr — Stirn, m — Mandibel, pd — Pilzdepot.

und nach hinten zu eine feine Beborstung auf. Der in den Abbildungen dargestellte Zwischenraum zwischen der Kuticula und der Epidermis der Mandibulartasche ist das Ergebnis ungleicher Schrumpfung bei der Fixierung. Diese Epidermis hat im Jungkäferstadium den Charakter einer Drüsenzellenschicht. In den geschilderten Mandibulartaschen fand ich bei ausfliegenden und frisch eingebohrten Weibchen regelmäßig ein Klümpchen von Pilzzellen, das aus etwa 100 Pilzzellen bestand und sich in der Färbung mit Azur-Eosin intensiv blau färbte. Bei alten Weibchen, die ein ganzes Gangsystem für die Brut schon ausgebohrt hatten, fand ich entweder keine oder nur ganz wenige Pilzzellen in den Mandibulartaschen vor. Beim Männchen sind nur ganz kleine Taschen zu sehen, die sehr selten Pilzzellen beinhalten.

Es liegt die Frage nahe, wie gelangen die Ambrosiapilzzellen in die Übertragungstasche der Weibchen? Die dickeren, obersten Pilzzellen des Brutgangbelages werden nicht nur von den Larven zur Nahrung abgeweidet, sondern auch die ausgefärbten Jungkäfer weiden noch kurze Zeit den Ambrosiapilzbelag ab, was man an der

Darmfüllung im histologischen Schnittbild eindeutig erkennen kann. (Wurden Puppen aus dem Brutröhrensystem isoliert gehalten, so wiesen die daraus entstehenden Jungkäfer nie gefüllte Übertragungstaschen auf.) Mit der Aufnahme des Nährpilzes gelangen passiv auch Pilzzellen in die beiden Übertragungstaschen der Weibchen und dürften sich dort noch durch Sprossung in ihrer Zahl vergrößern. Die Sekrete der Drüsenzellen der Taschen dürften sich meiner Meinung nach günstig auf die Erhaltung der zu übertragenden Ambrosiazellen auswirken und dürften andererseits ein Auskeimen der Zellen verhindern.

Die ausfliegenden Weibchen der 1. Generation (*X. monographus* hat zwei Generationen im Jahr) sowie die im Muttergangsystem überwinternden Weibchen der 2. Generation übertragen in ihren Mandibulartaschen den Ambrosiapilz zu ihrem neuen Brutbaum. Beim intensiven Gebrauch der Mandibeln im Laufe der Einbohrtätigkeit in das Splintholz des Wirtes (meist in Eichen) gelangen die gehorteten Pilzzellen beim kräftigen Mandibelspreizen aus den Taschen. Die herausgedrückten Pilzzellen keimen nach kurzer Zeit an der feuchten Gangwand des frischen Holzes. Die Hyphen dringen in das umgebende Holz ein und im Ganginneren entsteht ein gelblich-grauer Belag von „Ambrosia“, so nannte SCHMIDTBERGER (1836) den „einer Salzkruste ähnelnden Belag“. Er meinte, daß dieser vom Mutterinsekt aus den ergossenen und in Stockung geratenen Baumsäften hergestellt wird und daß er den Käferlarven zur Nahrung diene. Seine Pilznatur erkannte er noch nicht. Der Ambrosiapilz von *X. monographus* konnte isoliert und kultiviert werden und Larven und Imagines konnten 4 Wochen auf dem kultivierten Ambrosiapilz gehalten werden. Es handelt sich nach der Determinierung von Herrn Univ.-Doz. Dr. KUCHAR (Wien) um eine *Mucoracee* der Gattung *Mortirella*.

Den Pilzübertragungstypus in Form von Mandibulartaschen konnte ich in einer Reihe von *Xyleborus*-Arten nachweisen, und zwar bei den Weibchen von:

Xyleborus torquatus Eichh. (Zentralafrika, Hamburg-Freihafen)
Xyleborus ferrugineus Fab. (Elfenbeinküste, Hamburg-Freihafen)
Xyleborus rothkirchi Egg. (Zentralafrika, Äthiopien)
Xyleborus ambasiusculus Egg. (Zentralafrika)
Xyleborus subtuberculatus Egg. (Zentralafrika, Uganda, Angola)
Xyleborus indicus Eichh. (tropisches Afrika, Madagaskar, Ceylon, Malaiische Inseln, Philippinen)
Xyleborus alluaudi Schauf. (Madagaskar)
Xyleborus similis Ferr. (Indien, Ceylon, Burma, Formosa, Java, Philippinen, Tahiti, Samoa)

Xyleborus testaceus Walk. (tropisches Afrika, Indien, Ceylon, Burma, Java, Australien, Hawaii, Samoa, Tahiti)

Morphologische Unterschiede konnte ich nur in der Art der inneren Beborstung der Taschen beobachten, so ragen bei *rothkirchi* und *indicus* kleine „Bürsten" in den Übertragungshohlraum, die bei der Hinausbeförderung des Pilzdepots eine Rolle spielen dürften. Ein Drüsenzellenmantel umgab stets die Mandibulartaschen dieser Arten[1].

b) Pharyngialtaschen

Im Gegensatz zu dem vorher geschilderten Typus der Mandibulartaschen liegen die Übertragungstaschen bei dem „Pharyngialtaschentypus" hinter den Mandibeln rechts und links vom Pharynx im Bereich der Maxillen. Es handelt sich um eine paarige Anlage von ellipsoidischen Hohlräumen (mit den Achsenabmessungen 130, 130 und 160 Mikron), deren Längsachsen waagrecht und senkrecht zur Körperlängsachse liegen (Abb. 3). Nach median führen zwei sich verengende Ausfuhrgänge zum vorderen Abschnitt des Pharynx. Auch diese Taschen sind von einer großzelligen Epidermis umgeben, der ich eine Drüsenfunktion zuschreibe. Diesen Typus von Pilzübertragungseinrichtung traf ich bei *Premnobius cavipennis* Eichh. aus Ghana an. Es ist eine der Gattung *Xyleborus* nahe verwandte Art. Die Taschen von 5 untersuchten Weibchen wiesen alle ein vielzelliges Ambrosiapilzdepot auf. Männchen standen keine zur Ver-

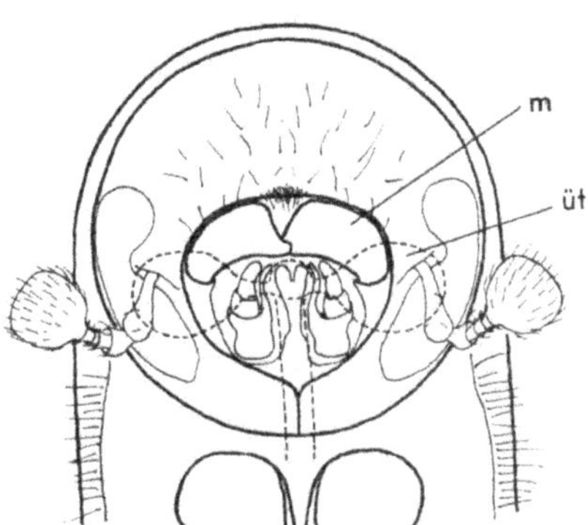

Abb. 3. *Premnobius cavipennis* ♀, Ventralansicht des Kopfes, Lage der Übertragungstaschen und des Vorderdarmes strichliert. m — Mandibel, üt — Übertragungstasche.

[1] H. FRANCKE-GROSMANN stellte an *Xyleborus velatus* Samps. und an *X. andamanensis* dieselbe Übertragungseinrichtung fest. (Briefliche Mitteilung vom 2. 8. 1962.)

fügung, diese dürften aber wie bei den Xyleborus-Arten bei der Übertragung des Pilzes keine Rolle spielen. Die Art und Weise, wie die Pilzzellen dieser Art in die Taschen und wieder nach dem Ausfliegen und der Anlage des neuen Gangsystems aus den Taschen heraus gelangen, dürfte ähnlich sein wie bei dem Typus der Mandibulartaschen.

c) Prägulartaschen

An einem Vertreter der neotropischen Gattungsgruppe der *Corthylini*, nämlich an *Pterocyclon bicallosum* Schedl, bei denen bisher noch nicht bekannt war, wie die Pilzübertragung vor sich geht, fand ich bei den Weibchen eine weitere, neue Lokalisation von Übertragungseinrichtung.

Eine unpaare, ectodermale Einstülpung an der Kopfunterseite führt zwischen Mentum und Praegula leicht schräg nach hinten in

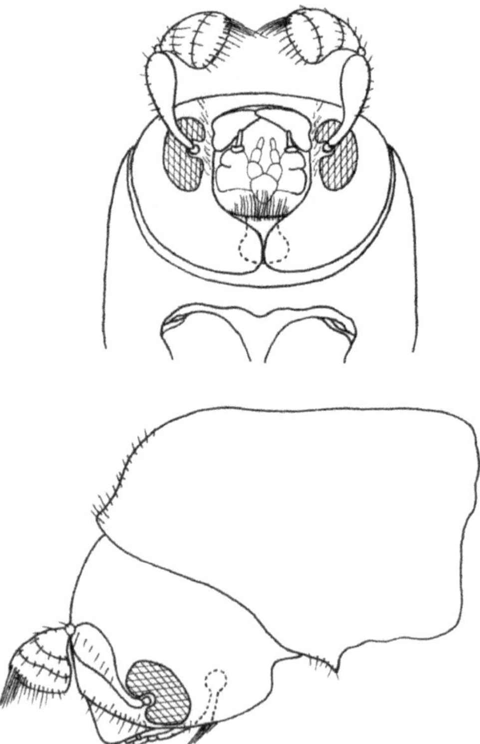

Abb. 4. *Pterocyclon bicallosum* ♀, Ventral- und Seitenansicht des Kopfes, Lage der Prägulartasche strichliert.

das Kopfinnere (Abb. 4). Diese Pilzübertragungstasche besteht aus einem längeren Gangteil mit länglich ovalem Querschnitt und einem kugelartig erweiterten Hohlraum am Ende dieses Ganges. Während die Cuticula im Gangabschnitt mit deutlichen Poren wie ein Sieb durchlöchert ist und von einem Mantel von hohen Drüsenzellen umhüllt wird, die durch die Poren in das Ganglumen zu sezernieren scheinen, zeigt die Cuticula des „Endkölbchens" eine glatte, unperforierte Oberfläche ohne Drüsenzellenmantel (Abb. 5 und 6). Der Gangabschnitt und noch mehr das „Endkölbchen" waren in allen 12 der untersuchten Objekten mit runden bis länglichen Pilzzellen angefüllt. Die Männchen weisen im Bereich der Prägulartasche der Weibchen nur eine kleine poröse Stelle auf, die keine Drüsenzellen zeigt. Die Männchen scheinen also bei dieser Art für die Pilzübertragung nicht in Frage zu kommen, obwohl hier beide Geschlechter an der Anlage der Brutröhren beteiligt sind.

Die Frage ist nun die, wie gelangt der Ambrosiapilz bei den jungen Weibchen in diese Tasche? Dazu wird wahrscheinlich, soweit man von fixiertem Material auf biologische Vorgänge schließen darf, die eigenartige Beborstung benutzt, die an der Kopfunterseite an der Prägulavorderkante gelegen ist. Diese Borsten können beim Vorwärtskriechen in pilzbesetzten Gängen bei etwas tiefer Kopfhaltung wie ein Rechen Pilzzellen aufnehmen und in die dahinter gelegene Tasche gelangen lassen. Diese Borsten fehlen weitgehend beim Männchen und treten bei der verwandten Art *Pterocyclon brasiliense* Schedl überhaupt nicht auf.

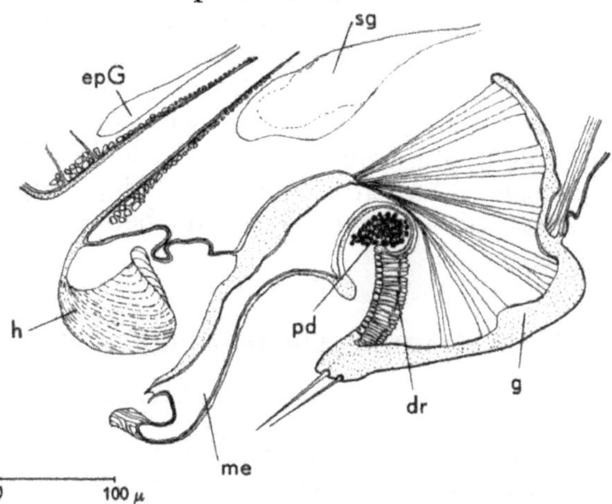

Abb. 5. *Pterocyclon bicallosum* ♀, Längsschnitt der Prägulartasche des Kopfes. dr — Drüsenzellen, epg — Epipharyngialganglion, g — Gula, h — Hypopharynx, me — Mentum, pd — Pilzdepot, sg — Suboesophagialganglion.

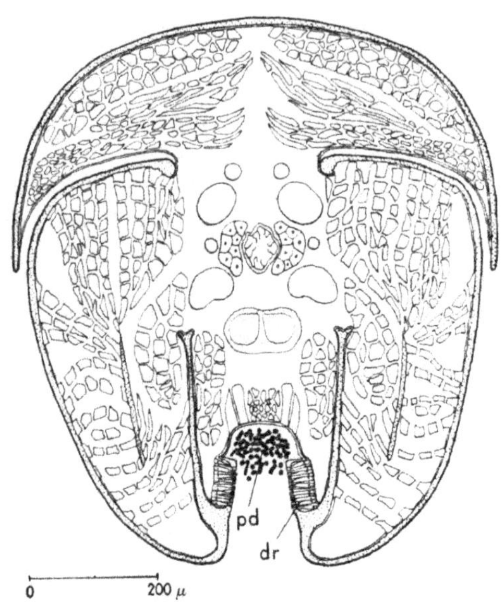

Abb. 6. *Pterocyclon bicallosum* ♀, Querschnitt des Kopfes. dr — Drüsenzellen, pd — Pilzdepot.

Die zweite Frage, wie der übertragene Ambrosiapilz biologisch sinnvoll die Tasche wieder verläßt, sei im folgenden zu beantworten versucht: vom ventralen Hinterrand des Kopfes ziehen Längsmuskelstränge (Abb. 5!) über das „Endkölbchen“ der Übertragungstasche hinweg, z. T. zu den Mundwerkzeugen, z. T. zu Skleritvorsprüngen der Kopfkapsel nahe der Mundregion. Bei entsprechender Kontraktion dieser Längsmuskulatur, wie es bei intensiver Beißtätigkeit der Mandibeln beim Einbohren der Fall ist, würde die Übertragungstasche, ähnlich einem Blasebalg, zusammengedrückt und ein Auspressen der in einer Sekrethülle befindlichen Symbionten durchaus möglich.

II. Pilzübertragungseinrichtungen im Thorax

a) Notale Intersegmentaltaschen

Unter diesem Begriff seien diejenigen Übertragungseinrichtungen verstanden, die FRANCKE-GROSMANN (1956a) an den Weibchen von *Anisandrus dispar* und *Xylosandrus germanus* beschrieben hat. Die Pilzdepots befinden sich hier in Aussackungen der Intersegmentalhaut zwischen Pro- und Mesonotum. Eine „notale Intersegmentaltasche“, wie ich sie nennen möchte, liegt auch bei *Xyleborus morstatti* Haged., einem bedeutenden Kaffeeschädling aus Zentralafrika, Java und Kolumbien, vor. LHOSTE und ROCHE (1959) nennen sie, im Zusammenhang einer anatomischen Bearbeitung dieses Tieres, das „Dorsalorgan“, dessen Beschreibung lautet: „Dieses Organ mißt 250—300 Mikron Länge und 200—250 Mikron Breite. Der vordere Teil bildet eine einzige Höhlung, die sich vorne regelmäßig in zwei Loben darstellt, die in Beziehung zum Symmetrieplan des Insektes stehen. Ein Spalt ermöglicht eine Verbindung mit der Außenwelt im Bereich des Hinterrandes des Pronotums. Die unregelmäßig in Falten gelegte Scheidewand wird von einem Epithelium gebildet von wahrscheinlich ectodermaler Herkunft, wie die chitinöse Außenwand der Zellen bezeugt. Diese Zellen messen einige Mikron Dicke. Irgendeine sekretorische Zelle hat sich nicht gezeigt. Das „Chondriome“ (le chondriome) dieser Zellen ist sehr ärmlich. In enger Beziehung zu diesem Organ existiert ein ganzes Muskelsystem, das eventuell das Volumen der Höhlung verändern kann.“

Diese Beschreibung möchte ich im folgenden ergänzen. Die intersegmentale Einstülpung reicht weit in den Prothorax hinein. Das in paarigen Loben endende Vorderteil erreicht die Mitte des Prothorax in der dorsalen Region dort, wo ventral das erste Beinpaar ansetzt. Wenn die Intersegmentaltasche mit den symbiontischen Pilzzellen angefüllt ist, nimmt der Bereich der Tasche in seinem volumreichsten, mittleren Abschnitt gut ein Drittel des Gesamtquerschnittes ein.

Die den Hohlraum umhüllende Epidermis ist wohl aus sehr plasmareichen, großen Zellen aufgebaut, doch lassen sie sich nicht eindeutig als Drüsenzellen ansprechen. Auch ließen sich keine Poren als Drüsenausgänge in der Scutellumcuticula erkennen, wie sie nach den Untersuchungen von FRANCKE-GROSMANN an *Anisandrus dispar* und *Xylosandrus germanus* zu erwarten gewesen wären.

Die Füllung der notalen Intersegmentaltasche wird meiner Meinung nach in derselben Weise erfolgen wie bei den europäischen Arten *A. dispar* und *X. germanus*, also dadurch, daß die weiblichen Jungtiere noch im Muttergangsystem passiv Pilzzellen von der Gangwand dorsal in die intersegmentale Einsackung bekommen. Wenn auch nur wenige Zellen in die Übertragungstasche gelangen, so dürften diese sich durch Sprossung, die auch an kultivierten Ambrosiapilzen anderer Ambrosiakäferarten beobachtet wurde, soweit vermehren, daß man ganz dicht angefüllte Übertragungstaschen vorfinden kann. Verlassen dann die jungen Weibchen das Muttergangsystem und befallen eine neue Brutstätte, so müssen die transportierten Pilzzellen nach der Anlage der ersten Gangteile die

Brutröhrenwand wiederbeimpfen. LHOSTE und ROCHE (1956) beobachteten folgendes: „Das Weibchen von *X. morstatti* läßt (im Gang) immer wiederkehrende Bewegungen des Prothorax erkennen. Diese Bewegungen können behilflich sein, mechanisch das Organ mit Inhalt zu beladen (charger) und zu entladen (decharger).“ Daß ein „Beladen“ auf diese Weise geschieht, möchte ich bezweifeln, das „Entladen“ bzw. Beimpfen wäre durch die geschilderten Prothoraxbewegungen erklärbar. Beim Studium der Thoraxmuskulatur von *X. morstatti* an Hand von histologischen Schnittserien fand ich eine Erklärungsmöglichkeit, wie das Pilzdepot der Intersegmentaltasche im geeigneten Zeitpunkt entleert werden könnte (Abb. 7).

Im Prothorax existieren ein paariger, ventraler Längsmuskel (vlm I) und drei paarige dorsale (dlm I a, dlm I b, dlm I c). An dorsoventralen Muskeln im Prothorax sind drei Paare zu nennen, von denen das vorderste das größte Paar (dvm I) darstellt. Der ventrale Längsmuskel (vlm I) zieht von der Sternalapophyse der Coxa I zu der von Coxa II. Der dorsale Längsmuskel dlm I a zieht vom Kopf-Thorax-Phragma in paariger Anordnung median unter der Intersegmentaltasche durch zum ventralen umgeklappten Teil des Scutellums, dabei teilen die beiden Muskelstränge den hinteren Abschnitt der Tasche in zwei hintere Längsloben, was im Querschnitt deutlich zum Ausdruck kommt und übrigens auch bei

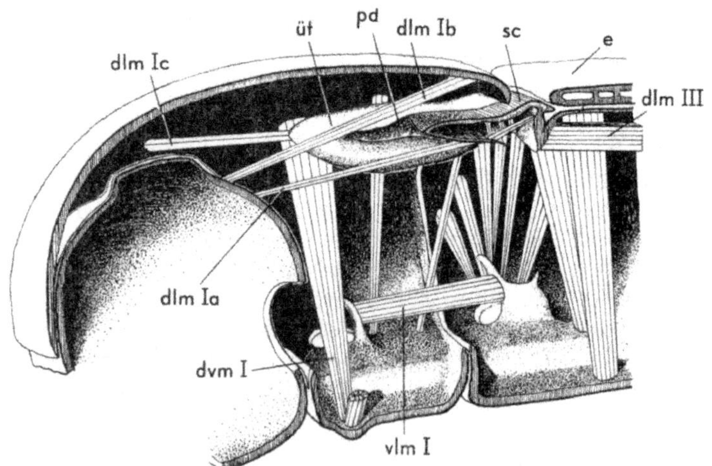

Abb. 7. *Xyleborus morstatti* ♀, medianer Längsschnitt von Kopf und Thorax, das Muskelsystem der Übertragungstasche zeigend (Schema). dlm I — dorsale Längsmuskeln (a, b, c) des Prothorax, dlm III — dorsaler Längsmuskel des Metathorax, dvm I — Dorsoventralmuskel des Prothorax, e — Elytre, pd — Pilzdepot, sc — Scutellum, üt — Übertragungstasche, vlm I — ventraler Längsmuskel des Prothorax.

Xylosandrus germanus der Fall ist. Der dorsale Längsmuskel dlm Ib inseriert ebenfalls am Kopf-Thorax-Phragma und verläuft dann median zum Hinterrand des Pronotums. Der dorsale Längsmuskel dlm Ic schließlich inseriert vorne lateral an der Wölbung des Pronotums und zieht zum Mesonotum nahe der Elytreneinlenkung. Bei Kontraktion dieser genannten Muskeln könnte es beim Einbohren in das Holz zu einer Entleerung der Intersegmentaltasche kommen. Durch LHOSTE und ROCHE ist bekannt, daß es zu typischen Prothoraxbewegungen kommt, die einer Entleerung der Tasche förderlich sein können. Wahrscheinlich zeigt der Prothorax selbst keine stärkere Bewegung, sondern der Kopf wird durch die Muskeln dlm Ia und dlm Ib in den Prothorax gezogen, die Dorsoventralmuskeln kontrahieren sich und die dünnwandige Intersegmentaltasche wird durch den erhöhten Druck der Hämolymphe zur Entleerung gebracht. Bei einem der untersuchten Weibchen fand ich die Tasche mit Ausnahme von wenigen Pilzzellen leer und gegen den Ausführungsspalt zwischen Pronotum und Scutellum hin teilweise umgestülpt vor.

Eine notale Intersegmentaltasche konnte auch bei *Xyleborus discolor* Blandf. (bekannt aus Indien, Ceylon, den großen Sunda-Inseln, Mexiko, Guatemala und Costa Ricca) und *Xyleborus semiopacus* Eichh. (bekannt z. B. aus Ghana) festgestellt werden. Wie bei *Anisandrus dispar* liegt bei *Xyleborus dicolor* im Vorderabschnitt des Scutellums ein Drüsenfeld vor, dessen Drüsenzellen durch Poren in den Pilzübertragungshohlraum sezernieren. Von den drei untersuchten Objekten wiesen alle stark gefüllte Intersegmentaltaschen auf (Abb. 8).

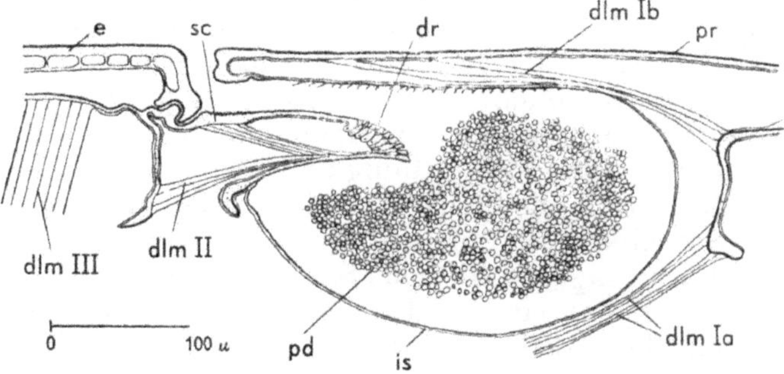

Abb. 8. *Xyleborus discolor* ♀, Paramedianschnitt der notalen Intersegmentaltasche. dr — Drüsenzellen, e — Elytre, is — Intersegmentalhaut, pd — Pilzdepot, pr — Pronotum, sc — Scutellum (die Abkürzungen der Muskeln werden in Abb. 7 erklärt).

b) Pronotaldrüse

BERGER und CHOLODKOVSKY beschrieben 1916 an *Scolytoplatypus ussuriensis* n. sp. (= *tycon* Blandf.) aus der Umgebung von Wladiwostok eine eigenartige Drüse. Das Weibchen hat in der Mitte des Pronotums eine kleine, runde Grube, die sich als Öffnung einer Drüse erwies. Sie stellt eine ectodermale Einstülpung dar, ein cuticuläres Netzwerk bildet die Wände und den Drüsenboden, die Netzmaschen sind mit einer dünnen, strukturlosen Membran bespannt. Der Boden der Drüse ist konvex und trägt eine Anzahl von hohlen, kegelförmigen Pfeilern, dessen Wände ebenso netzartig verstärkt sind. Die Pfeilerspitze läuft in einem langen Haar aus. Der Drüsenausgang ist mit verzweigten Haaren umgeben. Unter dem cuticulären Netzwerk der Drüse liegt eine Schicht aus hypodermalen Zellen, die am Drüsenrand unmittelbar in die Hypodermis der Körperwand übergeht. Je eine Zelle des hypodermalen Epitheliums korrespondiert mit einer Facette der oben erwähnten Säulen.

Eine ähnlich gebaute, fast radiärsymmetrische Drüse konnte ich bei den Weibchen von drei weiteren *Scolytoplatypus*-Arten aus Japan nachweisen, nämlich bei *Sc. shogun* Blandf., *Sc. daimio* Blandf. und bei *Sc. mikada* Blandf., während bei *Sc. acuminatus* Schedl aus Zentralafrika eine einfachere Drüsenausgestaltung vorliegt, auf die ich noch zu sprechen komme.

Die unpaare Drüsenpore der Weibchen (bei den Männchen fehlt sie) liegt zentral im vorderen Drittel des Pronotums. Hellgelbe Borsten ragen ein wenig über den verstärkten, runden Porenrand heraus, an ihm entspringt ein schütterer Kranz von echten, einfach gegabelten Haaren. Bei hellen, noch unausgefärbten Exemplaren hebt sich die Lage der Drüse durch die Körperdecke hindurch durch eine noch hellere Färbung ab. Bei allen vier Arten, die ich untersuchte, fanden sich in den Drüsenhohlräumen eine Menge von Pilzzellen, die oft die Ausbuchtungen derart ausstopften, daß nur mehr ein schmaler Raum zwischen Pilzdepot und Drüsenwand frei blieb, der trotz histologischer Behandlung der Schnitte noch deutlich das den Pilzklumpen umhüllende Drüsensekret zeigte. Der Hohlraum der Drüse wird von einem filigranen, cuticulären Netzwerk ausgekleidet. In den Hohlraum ragen zahlreiche Säulen (Abb. 9), die kegelförmig nach oben zugespitzt sind und in einem echten, borstenförmigen Haar endigen, das deutlich an der Säulenspitze eingelenkt ist und leicht geschwungen zur Drüsenöffnung führt. Auch die Säulen sind aus einem cuticulären Netzwerk zusammengesetzt. Sie stehen mit ihren Spitzen zur Drüsenpore weisend nebeneinander. Das cuticuläre Netzwerk dient als Stützapparat für den großen Drüsenhohlraum, der von einer Fülle von Drüsenzellen umgeben wird, die ein

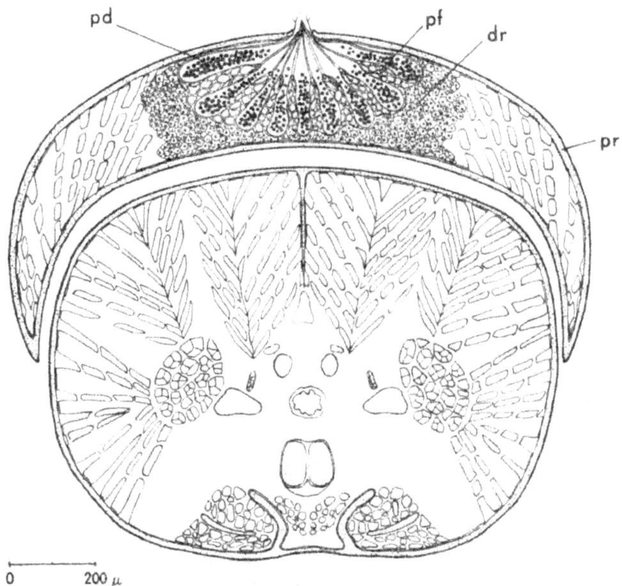

Abb. 9. *Scolytoplatypus shogun* ♀, Querschnitt durch Kopf und Prothorax in der Region der Pronotaldrüse. dr — Drüsenzellen, pd — Pilzdepot, pf — Pfeiler, pr — Pronotum.

noch nicht untersuchtes Sekret sezernieren. BERGER und CHOLODKOVSKY (1916) meinten bei *Scolytoplatypus ussuriensis*, daß es sich wahrscheinlich um eine wachs- oder fettartige Substanz handle. Seine Funktion war für sie unbekannt bzw. vermuteten oben genannte Autoren, daß das Sekret zur Anlockung der Männchen dienen könne. Die Füllung des Drüsenraumes mit Ambrosiapilzzellen und das Fehlen einer anderen Pilzübertragungseinrichtung bei den vier untersuchten *Scolytoplatypus*-Arten gibt mir die Gewißheit, daß diese Pronotaldrüse eine Pilzübertragungseinrichtung darstellt und nicht zur Anlockung der Männchen dient. Ob die Füllung des Drüsenhohlraumes mit dem symbiontischen Pilz wie bei den bisher geschilderten Übertragungseinrichtungen im Jungkäferstadium im Muttergang erfolgt oder ob eventuell schon im letzten Stadium der „weiblichen" Larven eine dorsale Einbuchtung am Prothorax die notwendigen Pilzzellen aufbewahrt, kann ich nicht sagen, weil mir keine Larven zur Verfügung standen. Die Entleerung dieser Pronotaldrüse könnte ebenfalls passiv durch Kontraktion der dorsoventralen Thoraxmuskulatur und auch durch den Druck des Kopfes auf den vorderen Prothoraxabschnitt, der den Kopf nach vorne zu weit überdacht, erfolgen. Dieser oben genannte

Druck ist ohne weiteres bei der Einbohrtätigkeit des Weibchens gegeben. Die gehorteten Pilzzellen gleiten dann, unterstützt durch das Drüsensekret und den zur Drüsenpore hinweisenden Säulenborsten, zur unpaaren Drüsenraumöffnung nach außen und somit zur Gangwand des neu geschaffenen Brutröhrensystems.

Bei *Sc. daimio* Blandf. sind die Säulenbasen nicht durch ein cuticuläres Netzwerk verbunden, sondern es treten kleine Cuticularplatten des Drüsenbodens auf, die eine steifere Verbindung zwischen den Säulenbasen schaffen. Diese Cuticularplatten weisen Poren auf, die die Sekretion des Drüsenzellenmantels in den eigentlichen Drüsenhohlraum gewährleisten.

Die Weibchen von *Sc. acuminatus* Schedl zeigen eine einfachere Ausbildung der Pronotaldrüse als die der vorher genannten Arten. Der Drüsenhohlraum hat die Gestalt eines Linsensamens mit dem Durchmesser von 1,35 mm. In diesen Hohlraum ragen nun nicht kegelförmige Pfeiler oder Säulen, sondern von der dicken Cuticularwand der Drüse entspringen in regelmäßigem Abstand lange Haare, die alle zum dorsalen Drüsenporus hinweisen (Abb. 10 und 11). Dabei sind zweierlei Haartypen zu erkennen: starke, lange, echte Haare, die aus dem Drüsenporus als Haarbüschel herausragen, und dünne, kurze, unechte Haare, die den Drüsenporus nicht erreichen.

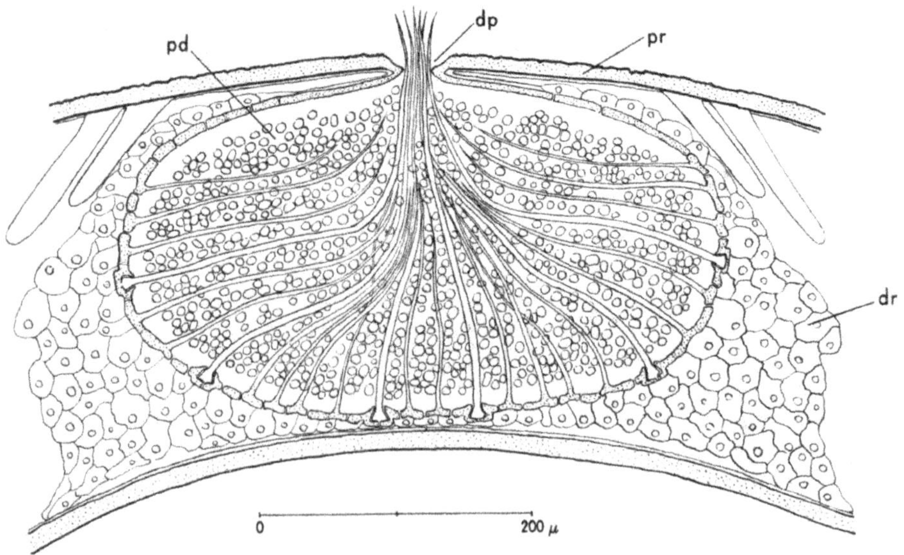

Abb. 10. *Scolytoplatypus acuminatus* ♀, Querschnitt des Vorderabschnittes des Prothorax in der Region der Pronotaldrüse. dr — Drüsenzellen, dp — Drüsenporus, pr — Pronotum, pd — Pilzdepot.

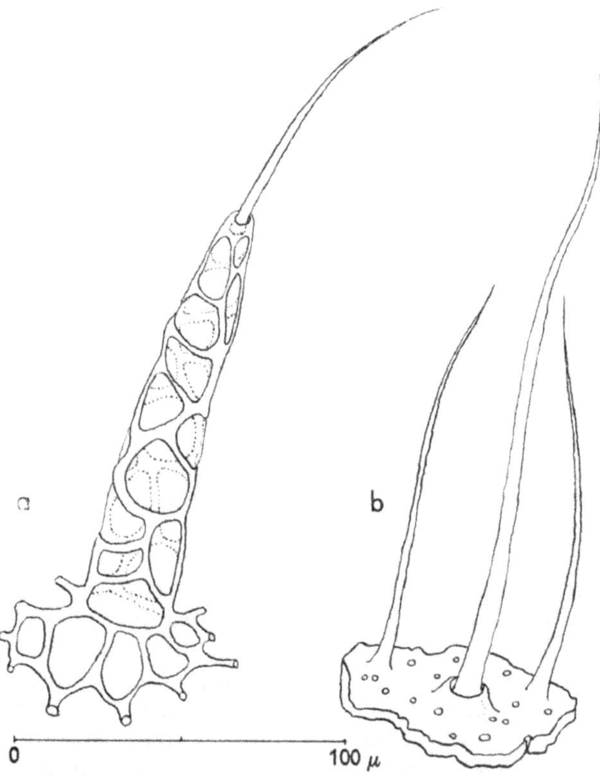

Abb. 11. Pfeilerstruktur (a) von *Scolytoplatypus shogun* und Borstentypen (b) von *Scolytoplatypus acuminatus* aus den Pronotaldrüsen.

c) Paarige Prothorakalschläuche

Prothorakale Drüsenschläuche bei den Weibchen der europäischen *Trypodendron*-Arten erwiesen sich nach FRANCKE-GROSMANN (1956a) eindeutig als Pilzübertragungseinrichtungen. Aus der Gruppe der *Corthylini* der Neotropen konnte nun an den Männchen von *Corthylus schaufussi* Schedl eine annähernd ähnliche Übertragungsweise festgestellt werden, während die Weibchen dieser Art solche Prothorakalschläuche nicht besitzen. Paarige, im Querschnitt oval erscheinende Prothorakalschläuche nehmen an den Außenseiten der Coxalgruben ihren Ursprung und verlaufen, der Körperdecke des Prothorax eng anliegend, schräg nach oben, biegen dort um und ziehen schräg nach hinten, nach abermaligem Umbiegen enden die Schläuche dann in einer kurzen Spirale (Abb. 12). Das

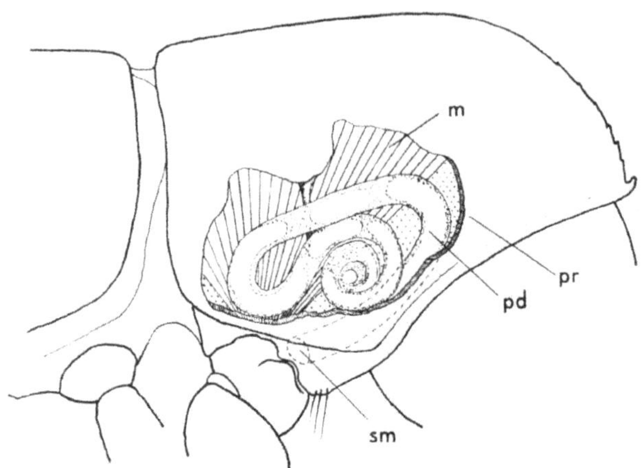

Abb. 12. *Corthylus schaufussi* ♂, Lage des rechten Prothorakalschlauches, z. T. strichliert dargestellt. m— Muskulatur, pd — Pilzdepot, pr — Pronotum, sm — Schlauchmündung.

spiralige Schlauchende ruht auf einer Skleritplatte, die vom Dach der Coxalgrube ausgeht. Die Mündung des Prothorakalschlauches weist einen Kranz von Drüsenzellen auf, während der lange Schlauchteil keine Verbindung mit irgendwelchen Drüsenzellen hat. Die Schläuche selbst bestehen aus einem feinen, cuticulären Gitterwerk, dessen Lückensystem von einer zarten Membran gebildet wird. Stellenweise sind die gewundenen Schlauchteile durch cuticuläre Apophysen untereinander und mit der Prothoraxseitenwand verbunden. Irgendeine spezifische Muskulatur, die mit diesen Schläuchen in Verbindung gebracht werden könnte, konnte nicht erkannt werden. Die Prothorakalschläuche wurden bei allen der 8 untersuchten Exemplare mit Ambrosiazellen gefüllt vorgefunden. Bei seitlich aufsezierten Individuen konnte ich die gefüllten Schläuche herausnehmen und die Pilzzellen in leider nur fixierter Form mit dem Mikroskop betrachten. Diese neue Pilzübertragungsweise unterscheidet sich von der der oben genannten *Trypodendron*-Arten durch die Lage, Struktur und Länge der Schläuche sowie durch eine andere Schlauchmündung. Bei *Trypodendron* münden die Schläuche am Hinterrand des Prothorax, bei *Corthylus* in die Coxalgruben so, daß die ausgedrückten Pilzzellen auf die Außenfläche der Coxae gelangen können (Abb. 12). Während bei *Trypodendron* ein Drüsenepithel den größten Teil der Prothorakalschläuche überzieht, finden sich bei *Corthylus* nur ein schmaler Kranz von Drüsenzellen kurz vor der Mündung der Schläuche in die Coxalgruben.

Bei helleren Adulttieren kann man die weißen Schleifen der Prothorakalschläuche von *Corthylus schaufussi* seitlich durchschimmern sehen. Die Vordercoxen waren oft stark mit Pilzzellen behaftet, die z. T. in Klümpchen an einigen Haaren dort festklebten. Das Sternit im Bereich der Vordercoxen ist ähnlich gebaut wie bei *Pterocyclon brasiliense*, auf den noch bei der Behandlung der Pilzübertragung in Coxalhöhlen zurückgekommen wird. Eine seitliche Sternitausbuchtung ermöglicht den in die Coxalgruben gleitenden Pilzzellen die Passage nach außen. Die Coxen weisen an dieser sternalen Ausbuchtungsstelle einen vorspringenden Zapfen auf, der das Ausstoßen von Pilzklümpchen unterstützen könnte. Auf welche Weise diese Schläuche mit den symbiontischen Zellen gefüllt werden, ist mir noch unklar, noch dazu wo die Schlauchmündung so versteckt in der Coxalgrube steckt und Pilzzellen nur sehr schwer von der Gangwand aus hingelangen können. Wenn es bei den Männchen vor dem Ausflug an der Schlauchmündung zu einer Art Pilzpfropfenbildung käme, dann wäre das Auftreten von Pilzklümpchen in dem langen Schlauchabschnitt in einem späteren Stadium der vielleicht schon ausgeflogenen Männchen erklärbar. Etwas Ähnliches ist im weiblichen Geschlecht bei den *Trypodendron*-Arten durch Francke-Grosmann (1956a) schon bekannt.

Eine ähnliche Übertragungseinrichtung wie bei *Corthylus schaufussi* scheint auch bei *Microcorthylus castaneus* Schedl vorzuliegen, nur sind die Ausmaße und Spiralen der Schläuche wesentlich geringer.

d) Erweiterte Coxalgruben der Coxae I

Während *Pterocyclon bicallosum* im weiblichen Geschlecht mit der oben erwähnten Prägulartasche seine Symbionten überträgt, wird bei *Pterocyclon brasiliense* Schedl und *nudum* Schedl (beide aus Brasilien bekannt) eine ganz andere Lösung gefunden. Die Weibchen dieser beiden Arten haben die Coxalgruben des 1. Beinpaares nach vorne zu bauchig erweitert (Abb. 13). Die beiden Coxalgrubenausbuchtungen nehmen an ihrer breitesten Stelle fast die ganze Ventralseite des Prothorax ein und werden median durch die zwei Coxalgrubenwände (Abb. 15) getrennt, die nach hinten zu einer Trennungswand verschmelzen. Die Vorderfront und die Basisfläche der erweiterten Coxalgruben sind mit einer Fülle von kleinen Porenkanälen durchsetzt, die Sekrete aus einem Drüsenzellenmantel in den vorderen Hohlraum der Coxalgruben sezernieren. Der nach vorne zu erweiterte Coxalhohlraum erwies sich als die Lokalisation der Pilzübertragung. Nicht nur die Coxalgruben er-

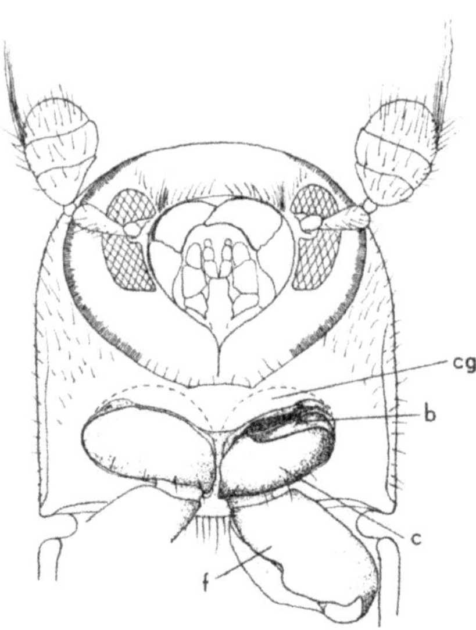

Abb. 13. *Pterocyclon brasiliense* ♀, Ventralansicht von Kopf und Prothorax, die rechte Coxa in nach rückwärts gedrehter Lage; Ausmaß der erweiterten Coxalgruben strichliert. b — Bürste, c — Coxa, cg — Coxalgrube, f — Femur.

möglichen durch eine Ausbuchtung in den Vorderabschnitt des Prothorax einen geeigneten Pilzübertragungsraum, sondern auch die Coxae selbst zeigen eine leichte Eindellung an der der erweiterten Coxalgrube gegenüberliegenden Seite (Abb. 14). Schließlich setzt noch an einer bestimmten, ventralen Stelle der Coxaeindellung ein Cuticularsporn an, der in einigen kurzen Borsten endigt und den ich kurz „Bürste" nennen will. Der Bürste gegenüber, also an der Coxalgrubenumrandung des Sternits, befindet sich eine kleine, runde Ausnehmung im Sternit (Abb. 13), die der Bürste bei einer Drehung der Coxa Bewegungsfreiheit nach unten gibt.

Die Männchen der beiden Arten zeigen diese geschilderte Pilzübertragungseinrichtung nicht und besitzen an der Coxalgrubenwand nur eine kleine poröse Stelle mit wenigen Drüsenzellen. Ob die symbiontischen Pilzzellen auch in diesem Fall im Stadium der Jungkäfer in die Übertragungseinrichtung der Weibchen gelangen, vermag ich nicht zu sagen. Das Beimpfen des frisch gebohrten Ganges mit den übertragenen Pilzzellen dürfte mittels der Bürste verwirklicht werden, die bei kräftiger Bewegung der Vorderextremitäten und somit auch der Coxae ein „Hinauskehren" der Pilzzellen ermöglicht.

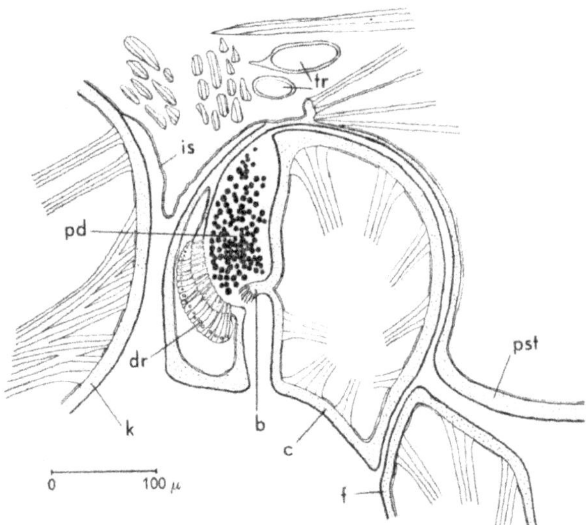

Abb. 14. *Pterocyclon brasiliense* ♀, Paramedianschnitt im Bereich der Coxa I. b — Bürste, c — Coxa, dr — Drüsenzellen, f — Femur, is — Intersegmentalhaut, k — Kopf, pd — Pilzdepot, pst — Prosternum, tr — Tracheen.

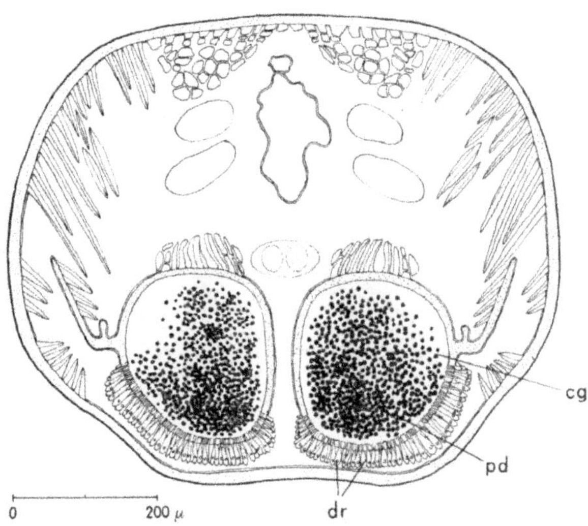

Abb. 15. *Pterocyclon brasiliense* ♀, Prothoraxquerschnitt. dr — Drüsenzellen, cg — erweiterte Coxalgrube, pd — Pilzdepot.

e) Taschen in der verdickten Elytrenbasis

Solche Taschen konnte ich an den Weibchen von *Xyleborus gracilis* Eichh. (bekannt aus Brasilien und Argentinien), *Xyleborus schreineri* Egg. (bekannt aus Deutsch-Ostafrika und Angola) und an *Xyleborus sentosus* Eichh. (bekannt aus dem tropischen Südamerika) feststellen. Schon bei Betrachtung der Elytren durch das Binokular fiel mir auf, daß die mediane Elytrenbasis eine starke randliche Verdickung aufwies, wie ich sie bei *Xyleborinen* mit einer anderen Pilzübertragungsart nicht beobachtete. Die Übertragungstasche repräsentiert sich bei *Xyleborus gracilis* in der Form einer Einfaltung der medianen Basis der Elytren, die etwas hinter den Elytrengelenken gelegen ist (Abb. 16a und b). An der Stelle der Tasche

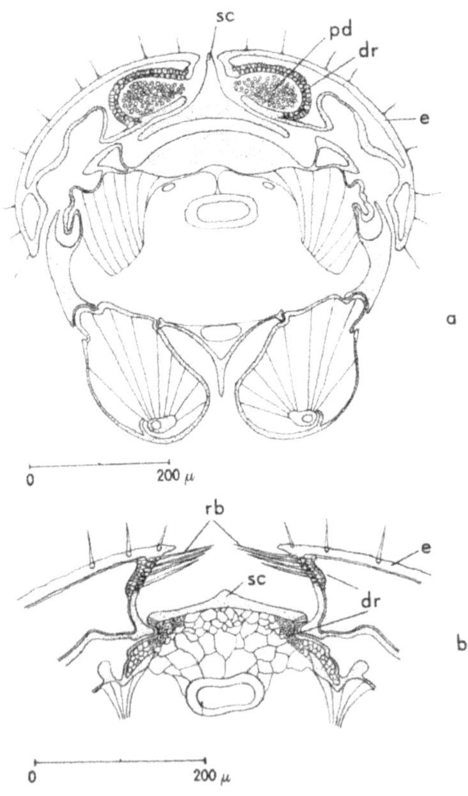

Abb. 16. *Xyleborus gracilis* ♀, a Querschnitt im hinteren Abschnitt des Mesothorax, b Querschnitt des dorsalen Mesothorax etwas weiter vorne. dr — Drüsenzellen, e — Elytre, pd — Pilzdepot, rb — Retensionsborsten, sc — Scutellum.

werden die Elytren am dicksten, gleich nach der Verdickung treten die obere und untere Cuticula der Elytrenhautduplikatur eng zusammen. Die Tasche der Elytrenbasis wird von einem Drüsenepithel umgeben. Die Ausfuhröffnung der Tasche richtet sich zu dem spitz auslaufenden Fortsatz des Scutellumhinterrandes bzw. nach vorne zu zur Scutellumfläche. In einem kleinen Abstand über dem Scutellum ragen von den Elytreninnenkanten eine Anzahl von Borsten dachförmig über das Scutellum, sie dienen als Retensionshaare für das Pilzdepot, ähnlich wie bei der Übertragungseinrichtung bei dem einheimischen *Xyleborus saxeseni* Ratz. (Francke Grosmann 1956 a). Unter den rückwärtigen Seitenrändern des Scutellums liegen kleine Drüsenpolster, dessen Drüsenzellen gemeinsam mit denen des Drüsenepithels der Elytrenbasis in den eigenartigen Pilzübertragungsraum sezernieren, der von den Taschen der Elytrenbasis und dem Hinterrand des Scutellums gebildet wird. Nahezu in allen 14 der untersuchten Exemplaren konnte ein Pilzzellendepot in dem oben erwähnten Übertragungsraum nachgewiesen werden.

Auch in diesem Fall ist ein passives Aufnehmen von Pilzzellen der Gangwand in den Übertragungshohlraum möglich. Beim Öffnen der Elytren wird das Pilzdepot einerseits in der Tasche gehalten, andererseits von den Retensionsborsten der Elytren bedeckt, so daß ein Symbiontentransport auch auf diese merkwürdige Weise gewährleistet sein kann.

Zusammenfassung

Durch eine histologische Untersuchung von 26 Ambrosiapilze züchtenden Scolytiden-Arten aus verschiedenen systematischen Gruppen konnten 3 Typen von Pilzübertragungstaschen im Kopf- und 5 Typen im Thorakalabschnitt festgestellt werden. 5 der dargelegten Übertragungstypen sind bisher unbekannt gewesen, die anderen lassen sich in die schon bekannten Typen einordnen. Bei den verschiedenen Typen von Ectodermalbildungen, die zur Symbiontenübertragung dienen, wird die Bedeutung einer Drüsensekretion auf das übertragene Pilzdepot, wie das schon von Francke-Grosmann (1956a) beschrieben wurde, bestätigt. Die Aufgabe der Pilzübertragung fällt meistens den Weibchen der Ambrosiakäfer zu, nur bei *Corthylus schaufussi* und *Microcorthylus castaneus* übertragen ausschließlich die Männchen.

Der Pilztransport erfolgt passiv. Das Aufnehmen von Pilzzellen durch die zur Übertragung befähigten Jungtiere muß noch in einem solchen Zeitpunkt des Pilzwachstums erfolgen, wo die kurzen Ambrosiapilzfäden noch locker zum Gangzentrum stehen und von den im Gang kriechenden Jungtieren leicht abgeweidet werden bzw. abfallen können, um in die Mündungen der Übertragungstaschen zu gelangen. Bei den verschiedenen Möglichkeiten der Pilzübertragung wurde auch der Versuch unternommen, den Mechanismus der Entleerung der Übertragungseinrichtungen und damit das Beimpfen des neuen Brutgangsystems mit den symbiontischen Pilzen zu deuten.

Literaturverzeichnis

BAKER, J. M., 1960: A Review of Work at the Forest Products Research Laboratory. Rep. 7-th Commonwealth Entom. Conf., London: 94—97.

BEESON, C. F. C., 1941: The Ecology and Control of the Forest Insects of India and the Neighbouring Countries. Dehra Dun: 1—1007.

BERGER, W. und N. CHOLODKOVSKY, 1916: Zur Biologie und Anatomie der Borkenkäfer der Gattung Scolytoplatypus Blandford (Coleoptera, Ipidae). Rev. Russ. d'Entom., Petrograd, 16: 1—7.

BROWNE, F. G., 1961: The Generic Characters, Habits and Taxonomic Status of Premnobius Eichh. (Coleoptera, Scolytidae). 4-th Rep. West Afric. Timber Borer Res. Unit: 45—51.

BUCHNER, P., 1930: Tier und Pflanze in Symbiose. Berlin.

— 1953: Endosymbiose der Tiere mit pflanzlichen Mikroorganismen. Basel/Stuttgart: 1—771.

— 1960: Tiere als Mikrobenzüchter. Verständliche Wissenschaft, 75: 1—160.

CHAMBERLIN, W. J., 1939: The Bark and Timber Beetles of North America. O. S. C. Cooperativ Ass., Cervalis, Oregon: 1—513.

DOANE, R. W. and O. J. GILLIAND, 1929: Three Californian Ambrosia Beetles. Journ. Econ. Ent., 22: 915—921.

ESCHERICH, K., 1923: Forstinsekten Mitteleuropas. Berlin, 2.

FERNANDO, E. F. W., 1960: Storage and Transmission of Ambrosia Fungus in the Adult Xyleborus fornicatus Eichh. (Coleoptera: Scolytidae). Ann. Mag. Nat. Hist., ser. 13/2: 475—480.

FISHER, R. C., 1952: Some Aspects of the Biology of Timber Insects. Sci. Progr., London, 40: 213—232.

FRANCKE-GROSMANN, H., 1931: Beiträge zur Kenntnis der Lebensgemeinschaft zwischen Borkenkäfern und Pilzen. Zschr. f. Parasitenkde., 3: 56—102.

— 1956a: Hautdrüsen als Träger der Pilzsymbiose bei Ambrosiakäfern. Zschr. Morph. Ökol. Tiere, 45: 275—308.

— 1956b: Die Grundlage der Symbiose bei pilzzüchtenden Holzinsekten. Verh. Deutsch. Zool. Ges. Hamburg: 112—118.

— 1956c: Zur Übertragung der Nährpilze bei Ambrosiakäfern. Naturwissenschaften, 43 (12): 286—287.

— 1957: Über die Ambrosiazucht holzbrütender Ipiden in Hinblick auf das System. 14. Verhdlber. Deutsch. Ges. Angew. Entom.: 140—144.

FRANCKE-GROSMANN, H. und W. SCHEDL, 1960: Ein orales Übertragungsorgan der Nährpilze bei Xyleborus mascarensis Eichh. (Scolytidae). Naturwissenschaften, 17: 405—407.

HARTIG, T., 1844: Ambrosia des Bostrichus dispar. Allg. Forst- u. Jagd-Z., 13: 73—75.

LHOSTE, J. & A. ROCHE 1959: Contribution à la connaissance de l'anatomie de Xyleborus morstatti Haged. Café, Cacao, Thé (2):76—86.

NEGER, F. W., 1911: Zur Übertragung des Ambrosiapilzes von Xyleborus dispar. Naturw. Zschr. Land- u. Forstw., 9: 223—225.

SCHEDL, K. E., 1931: Morphology of the Bark-Beetles of the Genus Gnathotrichus Eichh. Smiths. Misc. Coll., Washington, 82: 1—88.

SCHMIDBERGER, J., 1836: Naturgeschichte des Apfelborkenkäfers Apate dispar. Beitr. Obstb. Naturg., Linz, 4: 213—230.

SCHNEIDER-ORELLI, O., 1913: Untersuchungen über den pilzzüchtenden Obstbaumborkenkäfer Xyleborus (Anisandrus) dispar und seinen Nährpilz. Centralbl. Bact. u. Parasitenkde., 38: 25—110.

SNODGRASS, R. E., 1935: Principles of Insect Morphology, New York.

WEBER, H., 1954: Grundriß der Insektenkunde. Stuttgart.

Die in den Sitzungsberichten Abtlg. I und Abtlg. II der math.-nat. Klasse der Österr. Ak. d. Wiss. erscheinenden Abhandlungen werden auch einzeln abgegeben. Sie können durch jede Buchhandlung oder direkt durch die Auslieferungsstelle der Österreichischen Akademie der Wissenschaften (Wien I, Singerstraße 12) bezogen werden.

Nachfolgende Abhandlungen aus dem Fache **Botanik** (Biologie) sind erschienen:

1956 (S I Bd. 165):

Abel W. O.: Die Austrocknungsresistenz der Laubmoose (mit 14 Abbildungen im Text und auf 5 Tafeln). S 73.30

Fetzmann Elsa Leonore: Beitrag zur Algensoziologie (mit 3 Textabbildungen, 4 Tafeln und 1 Beilage). S 73.60

Lenk Ingeborg: Vergleichende Permeabilitätsstudien an Süßwasseralgen (Zygnemataceen und einige Chlorophyceen) (mit 7 Textabbildungen). S 83.60

Sperlich A.: Die Fortpflanzungstüchtigkeit (Phyletische Potenz) des Fremdbefruchters. Nach Versuchen mit drei Formen des Alectorolohus hirsutus (Lam.) Alb. S 58.90

1957 (S I Bd. 166):

Politis J.: Über die „Tanninoplasten" oder Gerbstoffbildner der Crassulaceae (mit 2 Textabbildungen und 1 Tafel). S 6.—

Politis J.: Über einen neuen Pflanzenfarbstoff in den Blüten einiger Verbascum-Arten (mit 2 Tafeln). S 5.20

Übeleis Ilse: Osmotischer Wert, Zucker- und Harnstoffpermeabilität einiger Diatomeen (mit 1 Textabbildung). S 30.40

1958 (S I Bd. 167):

Höfler Karl: Permeabilitätsstudien an Parenchymzellen der Blattrippe von Blechnum spicant (mit 5 Textabbildungen). S 45.—

Rechinger K. H., Dulfer H. und Patzak A.: Širjaevii fragmenta astragalogica IV. S 38.10

Url Walter: Zur Wirkung der Atmungsgifte Natriumazid und Dinitrophenol auf die Permeabilität von Blechnum spicant-Zellen (mit 3 Textabbildungen). S 25.—

Wawrik Friederike: Hochgebirgs-Kleingewässer im Arlberggebiet III (mit 3 Textabbildungen und 1 Tafel). S 18.90

1959 (S I Bd. 168):

Biebl Richard: Röntgenstrahlenwirkungen auf Commelinaceenstecklinge (Total- und Partialbestrahlungen) (mit 9 Tabellen und 5 Textabbildungen). S 31.20

Höfler Karl: Über die Gollinger Kalkmoosvereine (mit 1 Textabbildung und 1 Tafel). S 34.50

Höfler Karl und Fetzmann Elsa Leonore: Algen-Kleingesellschaften des Salzlackengebietes am Neusiedler See I (mit 1 Tafel). S 21.50

Hustedt Friedrich: Die Diatomeenflora des Salzlackengebietes im österreichischen Burgenland (mit 31 Textabbildungen und 1 Tafel). S 53.90

Luhan Maria: Zur Wurzelanatomie unserer Alpenpflanzen. IV. Compositae (mit 9 Textabbildungen und 4 Tafeln). S 36.90

Pfoser Karl: Vergleichende Versuche über Verholzungsreaktionen und Fluoreszenz (mit 2 Textabbildungen und 2 Tafeln). S 18.70

Rechinger K. H., Dulfer H. und Patzak A.: Širjaevii fragmenta astragalogica. S 29.40

Wendelberger Gustav: Die Vegetation des Neusiedler See-Gebietes. S 7.20

1960 (S I Bd. 169):

Bolay Erika: Die Vitalfärbung voller Zellsäfte und ihre cytochemische Interpretation (mit einer Textabbildung und 5 Tafeln). S 49.—

Ehrendorfer F.: Neufassung der Sektion Lepto-Galium Lange und Beschreibung neuer Arten und Kombinationen (zur Phylogenie der Gattung Galium, VII). S 12.—

Franz Gertrude: Die Mikroflora einiger Standorte im Leithagebirge in ihrer Abhängigkeit von Boden und Vegetationsdecke (mit 22 Textabbildungen). S 88.—

Pruzsinszky S.: Über Trocken- und Feuchtluftresistenz des Pollens (mit 12 Abbildungen auf 6 Tafeln). S 63.40

1961 (S I Bd. 170):

Fetzmann Elsalore, Vegetationsstudien im Tanner Moor (Mühlviertel, Oberösterreich) (mit 2 Textabbildungen und 2 Tafeln). S 170 – 3, S 23.–

Pruzsinszky Siegfried und Url Walter, Ein Beitrag zur Desmidiaceenflora des Lungaues. S 170 – 1, S 9.–

Rechinger K. H., Dufler H. und Patzak A., Širjaevii fragmenta astragalogica XIII. bis XVII. Teil. S 170 – 2, S 56.–

www.ingramcontent.com/pod-product-compliance
Ingram Content Group UK Ltd.
Pitfield, Milton Keynes, MK11 3LW, UK
UKHW021929190726
13853UKWH00002B/943

* 9 7 8 3 6 6 2 2 3 8 7 2 1 *